El pollito que un día perdió la Luna

Axel Domínguez

Octavio Domínguez

Marielena Domínguez

Colibrí

ISBN: 978-1-387-93014-2

www.colibri.press

A nuestra querida familia.

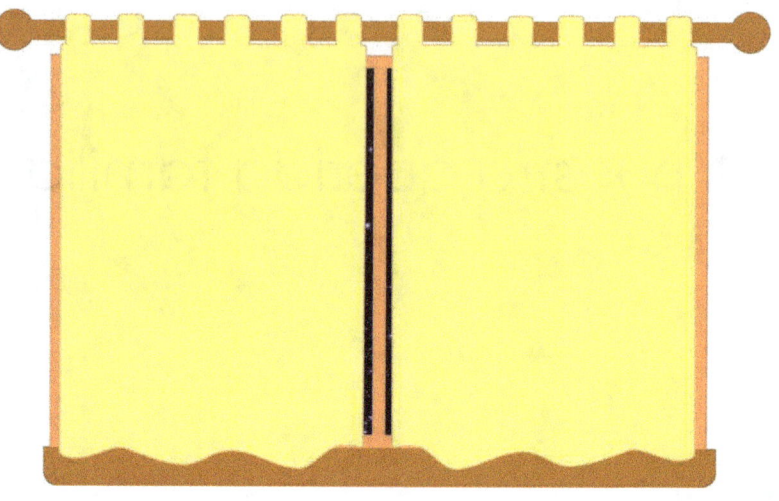

Una noche, Pollito Poh no
podía dormirse.

Pollito Poh aún tenía
mucha energía y se puso
a brincar sobre su cama.

5

Papá Gallo al escuchar tanto alboroto fue al cuarto de Pollito Poh.

¿Por qué no te has dormido? - preguntó Papá Gallo a Pollito Poh al tiempo que lo veía darse otra pirueta sobre la cama.

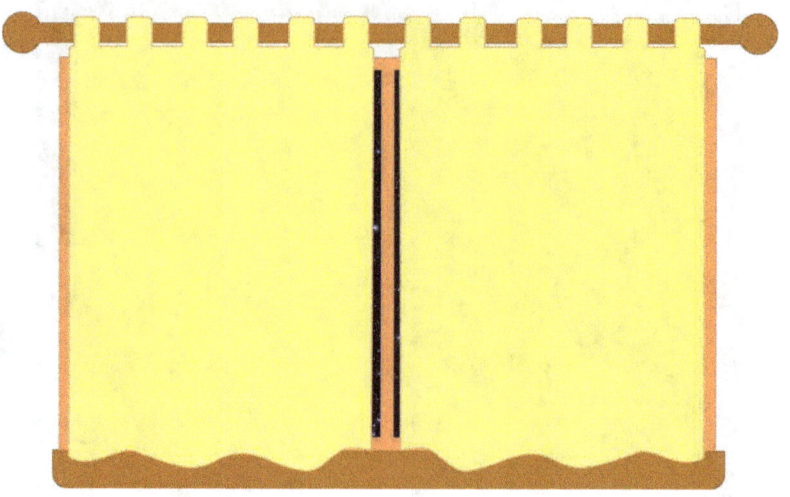

No tengo sueño - contestó
Pollito Poh. Tengo muchas
ganas de brincar - añadió.

Entiendo que tengas muchas ganas de seguir jugando pero ya es hora de dormir - dijo Papá Gallo.

¡Mira, ya es de noche! - exclamó Papá Gallo mientras abría las cortinas.

Pollito Poh quedó sorprendido al ver todo oscuro. Era la primera vez que veía el cielo de noche. Se acercó a la ventana para ver con mayor detalle y se dio cuenta que varias cosas brillaban en el cielo.

¿Qué son esas luces pequeñitas en el cielo? - preguntó Pollito Poh.

Esas luces son estrellas - contestó Papá Gallo. Las estrellas son como el Sol pero como están muy lejos se ven pequeñas - agregó Papá Gallo.

Pollito Poh observó que había otra lucecita pero con una forma diferente. Ésta parecía como una sonrisa.

¿Y esa luz tan rara qué es? - preguntó intrigado Pollito Poh.

Esa es la Luna - contestó Papá Gallo mientras bostezaba.

15

¿La Luna es una estrella? - cuestionó Pollito Poh.

La Luna es un satélite, una roca redonda que gira alrededor de la Tierra - explicó Papá Gallo mientras daba otro bostezo.

17

Gracias por explicarme, papá. Ahora sí ya me voy a dormir - dijo Pollito Poh mientras le daba un abrazo y un beso de buenas noches.

Pollito Poh se acostó en su cama y aunque muchas preguntas llenaban su cabeza no tardó en quedarse dormido.

Desde esa noche, Pollito Poh quedó fascinado con la Luna. Antes de dormirse se asomaba por la ventana para ver la Luna.

Al paso de las noches, Pollito Poh se dio cuenta de dos cosas muy interesantes: La Luna no estaba siempre en el mismo lugar e iba cambiando de forma. La primera vez que vio a la Luna parecía una sonrisa pequeña. Ahora parecía una sonrisa grande.

Al paso de los días la Luna
iba dejando de parecer
una sonrisa...

...para convertirse en un disco.

25

Unos días después, como todas las noches, Pollito Poh se asomó para ver la Luna antes de dormirse. La buscó por todo el cielo pero no la encontró.

¡Papá, emergencia! - grito Pollito Poh a todo pulmón.

27

Papá Gallo llegó corriendo y todo asustado preguntó - ¿Qué pasa hijo? ¿Cuál es la emergencia?

¡He perdido la Luna! - exclamó Pollito Poh mientras trataba de contener las lágrimas.

29

Después de que se le quitó el susto y lo agitado, Papá Gallo se asomó a la ventana para ayudarle a Pollito Poh a buscar la Luna. En efecto, esa noche no había rastro de la Luna.

Tranquilo hijo, la Luna no está perdida - comentó Papá Gallo mientras abrazaba a Pollito Poh para tranquilizarlo. Ahora mismo averiguamos dónde está - agregó Papá Gallo.

Ayer antes de dormirme aún estaba - dijo Pollito Poh. ¿Qué forma tenía? - preguntó Papá Gallo. Pollito Poh agarró papel y crayones, y se puso a dibujar. ¡Mira! ¡Así estaba anoche! - exclamó Pollito Poh.

Al ver el dibujo Papá Gallo
supo inmediatamente que
había pasado con la Luna
esa noche. Esa forma de
la Luna se le llama la fase
menguante convexa. Lo
que significa que hoy la
Luna va a salir más tarde
que ayer - explicó Papá
Gallo.

Esta noche te puedes dormir más tarde para que veas a la Luna - dijo Papá Gallo.

¡Muchas gracias, Papá! - contestó Pollito Poh con una sonrisa de oreja a oreja.

Y en efecto, un rato después la Luna apareció. Pollito Poh brincaba de alegría al mismo tiempo que decía - ¡Allí está la Luna! ¡No estaba perdida!

Así es, la Luna no estaba perdida. Como la Luna gira alrededor de la Tierra y la Tierra gira sobre sí misma, la Luna sale a diferentes horas - explicó Papá Gallo a Pollito Poh.

Hay días que la Luna sale durante el día y no en la noche. Si te despiertas mañana temprano la puedes volver a ver - agregó Papá Gallo. Pollito Poh se durmió pronto.

Apenas el Sol había salido cuando Pollito Poh se despertó todo emocionado para ver la Luna.

Pollito Poh siguió disfrutando de la Luna por las noches y por los días.

39

Fases de la Luna

Cuarto creciente (primer cuarto)

Creciente convexa (gibosa)

Creciente cóncava

Luna llena

Luna nue

Menguante convexa (gibosa)

Cuarto menguante (tercer cuarto)

Menguante cóncava

40